PEIWANG SHEBEI JIAOJIE SHIYAN ZUOYE ZHIYIN

配网设备交接试验作业指引

中国南方电网广州白云供电局　编

内 容 提 要

本书采用图文并茂、通俗易懂的方式讲解了配电设备交接试验过程，对试验过程中关键环节进行了详细的解释，内容涉及电力电缆、高压开关柜、变压器等配网常用设备，实用性强。

本书可供从事配网检修试验工作的人员阅读参考。

图书在版编目（CIP）数据

配网设备交接试验作业指引/中国南方电网广州白云供电局编. —北京：中国电力出版社，2019.3（2022.7 重印）

ISBN 978-7-5198-2838-7

Ⅰ. ①配… Ⅱ. ①中… Ⅲ. ①配电系统–电工试验 Ⅳ. ①TM727

中国版本图书馆 CIP 数据核字（2019）第 000547 号

出版发行：中国电力出版社
地　　址：北京市东城区北京站西街 19 号（邮政编码 100005）
网　　址：http://www.cepp.sgcc.com.cn
责任编辑：王杏芸（010-63412394）
责任校对：黄　蓓　常燕昆
装帧设计：赵姗姗
责任印制：杨晓东

印　　刷：河北鑫彩博图印刷有限公司
版　　次：2019 年 3 月第一版
印　　次：2022 年 7 月北京第三次印刷
开　　本：880 毫米×1230 毫米　32 开本
印　　张：2
字　　数：44 千字
定　　价：18.00 元

序
Preface

配电网是供电企业向社会提供可靠优质供电服务的关键环节，在确保电力供应、提升客户体验和改善营商环境等方面具有重要意义。在配电网飞速发展的今天，配网设备量更呈现出高速增长趋势，这对供电企业的设备本体质量、工程施工质量，以及设备运维水平提出了更苛刻的要求。实践证明，电气设备的交接试验是防患于未然，确保电力系统安全、经济运行的重要措施之一。

广州白云供电局一直以实事求是、严肃认真的态度开展配网设备交接试验。经过不断的工程实践和经验总结，结合 GB 50150—2016《电气装置安装工程电气设备交接试验标准》及广州供电局《10kV 设备交接试验要求》等规范及指导意见，组织编写了《配网设备交接试验作业指引》一书，本书从配网生产一线出发，以规范化管理、标准化作业、流程化诊断为主线，对配网交接试验中的电力电缆、组合配电设备和电力变压器等设备的工作内容进行了流程化、表单化、图示化的改编，涵盖了配电网主要交接试验操作中涉及的核心作业环节，包括管理方式、作业组织、安全交底、数据分析及试验作业后评价等全过程内容。全书内容组织合理、编排逻辑清晰、表述规范准确，既关注配电网交接结构化系统性知识整合，又侧重各项专业技术的工程有效性。

本书编写队伍由长期以来从事配电网交接试验的人员组成，具备扎实的专业基础、完备的理论知识和丰富的实践经验。诚盼本书能够给电力行业配网交接试验领域相关从业人员提升专业素养和技能水平提供帮助，在提高入网设备整体质量中发挥积极作用。

广州白云供电局配网运行维护团队以高度的责任心和严谨的科学态度，为本书的编写倾注了大量的心血。希望本书的出版能够为相关工作的开展和推进积累经验，也为进一步推进配网交接试验规范化管理打下坚实的基础。

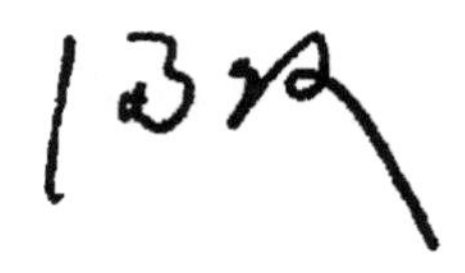

前　言
Foreword

交接试验是指设备在现场安装以后，交付投入运行前所进行的试验。交接试验的目的是为了检查电力设备安装的质量情况。电力设备从生产厂内试验合格到投入电网运行，要经过一个复杂的运输和安装过程。经过这个过程之后的电力设备的质量状况，与出厂试验时相比，会发生不同程度的变化，有时甚至发生破坏性的变化。为了验证这种变化的程度是否在不影响电力设备安全运行的限度之内，国家标准规定要进行电力设备现场交接试验。按照国家和行业的有关标准，进行严格的检测试验，把隐患和故障排除在投运前，可以保证电力设备的安全性和可靠性。

10kV 电气设备作为装配数量最多、与用户联系最密切的电网设备，其质量和可靠性直接影响到供电的可靠性。但是由于历史原因，配网试验基础比较薄弱，存在试验项目不匹配（使用直流耐压设备为交联电缆做试验），未按照国家标准和行业标准进行试验，试验项目不全等问题，同时部分配网运行人员缺少相关专业技能，无法独立开展试验工作。

本书编写组成员均为广州白云供电局从事检修试验专业的一线人员，长期从事检修试验专业的一线工作，希望本书的出版能够为试验工作的开展发挥出应有的作用。本书采用图文并茂、通俗易懂的方式讲解试验过程，对试验过程中的关键环节进行了详细的解释，内容涉及电力电缆、高压开关柜、变压器等配网常用设备，实用性强。

本书由葛馨远负责全书的策划、组织和统稿工作，其中，第1部分由黄锦鹏编写并统稿；第2部分由李择增、黄锦鹏、王照编写，李择增统稿；第3部分由黄锦鹏、李择增、刘杰英编写，黄锦鹏统稿；第4部分由李择增、刘杰英、谢洋编写，李择增统稿。

希望本书能够给从事配网检修试验工作的人员开阔思路，丰富知识储备，帮助大家快速了解并掌握配网试验工作，更好地促进配网试验工作的开展。鉴于编者水平有限，书中纰漏与不妥之处在所难免，恳请广大读者不吝指正。

编　者

2019年2月

目 录
Contents

1　10kV 电缆交接试验作业指导书

1.1　10kV 电缆交接试验项目介绍

10kV 电缆交接试验项目包括核相、绝缘电阻试验、交流耐压试验。应对电缆的每一相测量其主绝缘的绝缘电阻和进行耐压试验。对具有统包绝缘的三芯电缆，应分别对每一相进行，其他两相导体、金属屏蔽或金属套和铠装层应一起接地；对分相屏蔽的三芯电缆和单芯电缆，可一相或多相同时进行，非被试相导体、金属屏蔽或金属套和铠装层应一起接地。

（1）核相。核相即确定电缆 01 头与电缆 02 头的 A、B、C 三相是否一一对应。

（2）绝缘电阻试验。绝缘电阻试验是测量电缆的绝缘性能，通过绝缘电阻可以初步反映电缆的绝缘强度。

（3）交流耐压试验。交流耐压试验是对电缆耐受电压等级的测试，通过对电缆施加一个运行电压等级两倍的电压，考察其是否能够正常运行。

1.2　配电开关柜试验参考标准

本指导书的配电开关柜试验参考标准为：GB 50150—2016《电气装置安装工程电气设备交接试验标准》。

（1）绝缘电阻测量，应符合以下规定：

1）耐压试验前后，绝缘电阻测量应无明显变化；

2）橡塑电缆外护套、内衬层的绝缘电阻不应低于 0.5MΩ/km。

3）测量绝缘电阻用绝缘电阻表的额定等级，应符合下列规定：

① 电缆绝缘测量宜采用 2500V 绝缘电阻表，6/6kV 及以上电缆也可用 5000V 绝缘电阻表。

② 橡塑电缆外护套、内衬层的测量宜采用 500V 绝缘电阻表。

（2）交流耐压试验，应符合下列规定：

1）橡塑电缆应优先采用 20～300Hz 交流耐压试验、试验电压和时间应符合表 1－1 的规定。

表 1－1　　交流耐压试验、试验电压和时间

额定电压 U_0/U	试验电压	时间（min）
18/30kV 及以下	$2U_0$	15（或 60）
21/35kV～64/110kV	$2U_0$	60
127/220kV	$1.7U_0$（或 $1.4U_0$）	60
190/330kV	$1.7U_0$（或 $1.3U_0$）	60
290/500kV	$1.7U_0$（或 $1.1U_0$）	60

2）不具备上述试验条件或有特殊规定时，可采用施加正常系统对地电压 24h 方法代替交流耐压。

➘ 1.3　电缆交接试验项目

电缆交接试验项目具体有测量电缆绝缘电阻和电缆交流耐压试验两项，如表 1－2 所示。

表 1-2　　10kV 电缆试验项目

试验位置		A-B、C 地	B-A、C 地	C-A、B 地
绝缘电阻（MΩ）	耐压前			
	耐压后			
仪表型号/编号				
交流耐压	试验电压（kV）			
	谐振频率（Hz）			
	试验时间（min）			
	结果			
仪表型号\编号				
备注				
结论				

注　由于交流耐压试验属于破坏性试验，是否具备试验条件须有绝缘电阻测量数据的支撑，因此电缆交接试验顺序一般为绝缘电阻测试（耐压前）、交流耐压试验、绝缘电阻测试（耐压后）。

↘ 1.4 工 作 前 准 备

工作前准备见表 1－3。

表 1－3　　电缆交接试验工作前准备

序号	准备项	准备次项	准备项内容	执行
1	作业前准备	试验仪器	绝缘电阻表、试验变压器、操作箱、电抗器、分压电容器，仪器（仪表）通电检查正常并确认在有效期内	确认（　）
2		资料	试验记录表、交接试验规程	确认（　）
3		绝缘工器具	验电器、绝缘靴、绝缘手套、绝缘垫、接地线、绝缘放电棒外观完好并在有效期内	确认（　）
4		材料	个人工具、温湿度计、便携式电源线架（有漏电保护装置）、安全警示牌、安全围栏、测量导线、裸导线、接地线、绝缘带、酒精纸若干	确认（　）
5		施工环境、设备确认	设备名称编号、铭牌明确；设备外观、接地良好；安全围栏设置合理，警示牌符合要求，现场及施工设备周围无杂物；现场环境空气相对湿度一般不高于 80%，温度不低于 5℃	确认（　）
6		验电放电	对被试品进行验电并充分放电，确保被试品无残留电荷危及人身安全	确认（　）

1.5 作 业 过 程

1. 电缆核相（见表 1–4）

表 1–4　　电 缆 核 相

序号	步骤	项目	要　　求	执行
1	仪器选择	绝缘电阻表（兆欧表）	1. 绝缘电阻表：输出电压≥2500V，测量范围≥10GΩ； 2. 验电笔、放电棒、绝缘垫、绝缘手套、试验连接线等 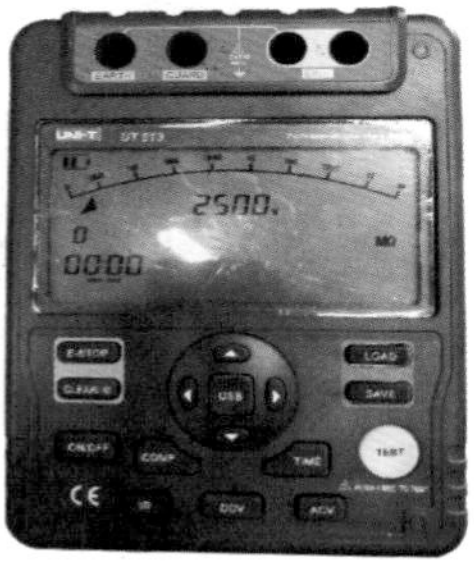	确认（　）
2	仪表自检	短路、开路试验	开路试验读数为∞，短路试验读数为 0	确认（　）
3	试验接线	按图例说明逐项核相	1. 将电缆的 02 头其中两相短接接地； 2. 接地可靠； 3. 测试相与非测试相保持足够距离 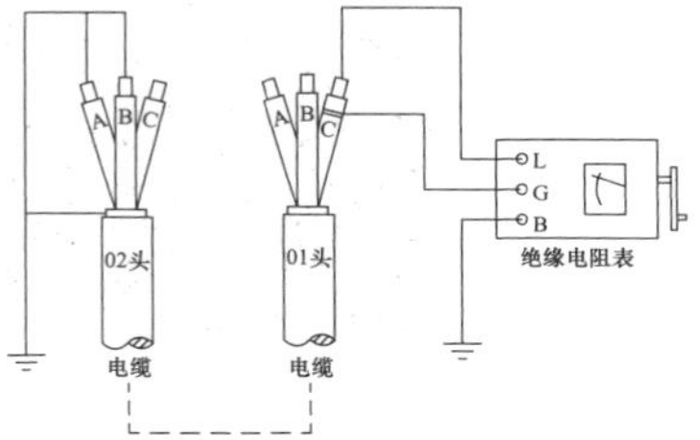	确认（　）

续表

序号	步骤	项目	要　　求	执行
4	安全	01、02头监护	1. 电缆 01、02 头设专人监护； 2. 试验人员站在绝缘垫上； 3. 接通电源前，与 01、02 头监护人取得联系通知保持安全距离，即将加压，注意线路带电  	确认（　）

续表

序号	步骤	项目	要　求	执行
5	测量	设置参数并测量	1. 电缆核相试验应选择电压为 2500V 绝缘电阻表； 2. 每相逐一测量，若测试结果读数为无穷大，则对应 02 头未接地的那一相； 3. 测量结束关闭仪器 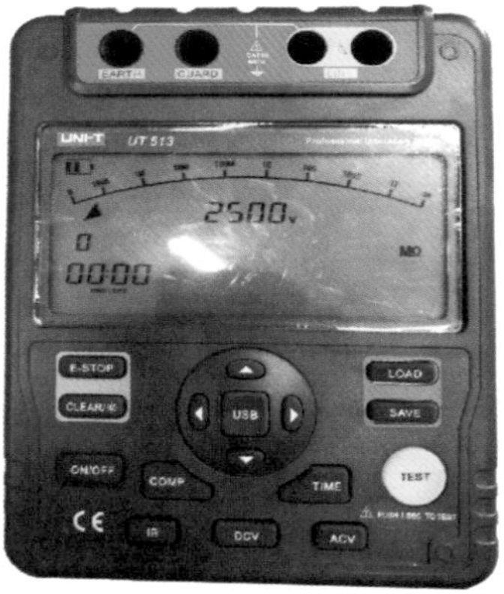	确认（　）
6	放电	对被测相进行充分放电	1. 站在绝缘垫上； 2. 戴绝缘手套； 3. 电缆 01、02 头充分放电 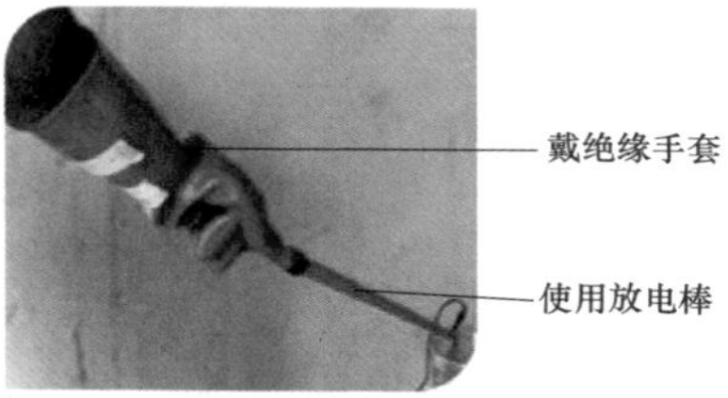 戴绝缘手套 使用放电棒	确认（　）
7	填写试验数据	准确填写所测数据	1. 测得数据后与 02 头监护人取得联系，判断是否相序一致； 2. 若所测相与 02 头相序不一致，则重复 3～5 项直至相序一致为止并记录； 3. 若相序一致，则重复第 5 项直至每相相序均一致并记录	确认（　）

2. 绝缘电阻测试

绝缘电阻测试，项目及标准见表 1－5，测试步骤见表 1－6。

表 1－5　　绝缘电阻测试项目及标准

序号	项目	试验参考标准
1	试验电压	2500V
2	持续时间	1min
3	试验过程要求	应无闪络及击穿现象
4	测量结果值判断	耐压试验前后，绝缘电阻测量应无明显变化

表 1－6　　测 试 步 骤

序号	步骤	项目	要　求	执行
1	仪器选择	绝缘电阻表（兆欧表）	绝缘电阻表：输出电压≥2500V，测量范围≥10GΩ	确认（　）
2	试验接线	接线	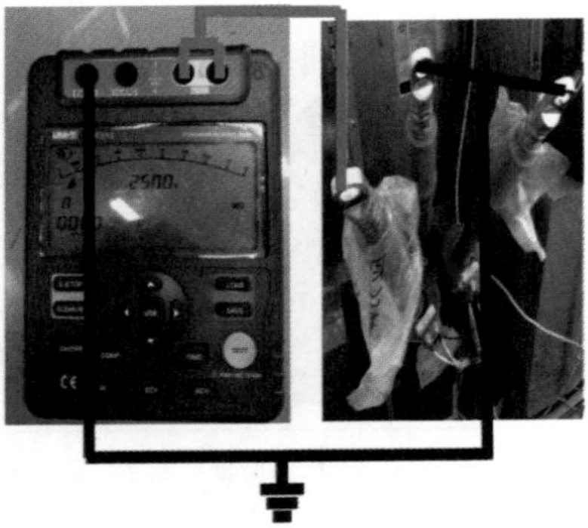 测量某一相的绝缘时，另外两相短接接地，并保证接地可靠，测量相与另外两相之间注意保持足够的距离	确认（　）

续表

序号	步骤	项目	要求	执行
3	安全	01、02头监护	1. 电缆01、02头设专人监护； 2. 试验人员站在绝缘垫上； 3. 接通电源前，与01、02头监护人取得联系通知保持安全距离，即将加压，注意线路带电  	确认（ ）

续表

<table>
<tr><th>序号</th><th>步骤</th><th>项目</th><th>要　求</th><th>执行</th></tr>
<tr><td>4</td><td>测量</td><td>设置参数并测量</td><td>1. 测量主绝缘电阻选择 2500V 挡
2. 读取 1min 时的数值；
3. 测量结束后关闭仪器</td><td>确认（　）</td></tr>
<tr><td>5</td><td>放电</td><td>对被测相进行充分放电</td><td>1. 站在绝缘垫上；
2. 戴绝缘手套，使用放电棒；
3. 先经电阻放电，后直接放电
戴绝缘手套
使用放电棒</td><td>确认（　）</td></tr>
<tr><td>6</td><td>换相测量</td><td>分别测量另外两相</td><td>按要求分别测量另外两相的绝缘电阻值</td><td>确认（　）</td></tr>
<tr><td>7</td><td>拆线</td><td>拆除并整理仪器</td><td>三相的绝缘电阻测量完成后，拆除试验人员自装引线，收拾仪器</td><td>确认（　）</td></tr>
<tr><td>8</td><td>填写试验数据</td><td>准确填写所测数据并初判</td><td>在对应的表格当中填写数据
<table><tr><td colspan="2">试验位置</td><td>A-B、C地</td><td>B-A、C地</td><td>C-A、B地</td></tr><tr><td rowspan="2">绝缘电阻(MΩ)</td><td>耐压前</td><td></td><td></td><td></td></tr><tr><td>耐压后</td><td></td><td></td><td></td></tr></table></td><td>确认（　）</td></tr>
<tr><td>9</td><td>耐压后复测</td><td>耐压试验后测量绝缘电阻</td><td>1. 待耐压试验后重复 1～9 项；
2. 所测绝缘电阻值应与耐压前测得的绝缘电阻值无明显变化
<table><tr><td colspan="2">试验位置</td><td>A-B、C地</td><td>B-A、C地</td><td>C-A、B地</td></tr><tr><td rowspan="2">绝缘电阻(MΩ)</td><td>耐压前</td><td></td><td></td><td></td></tr><tr><td>耐压后</td><td></td><td></td><td></td></tr></table></td><td>确认（　）</td></tr>
</table>

3. 交流耐压试验

交流耐压试验步骤及要求见表1-7。

表1-7　　交流耐压试验步骤及要求

序号	步骤	项目	要　　求	执行
1	仪器选择	按试验要求所需仪器	 变频电源操作箱、励磁变压器、电抗器、电容分压器、验电笔、放电棒、绝缘垫、绝缘手套、试验连接线等	确认(　)
2	试验接线	按图例说明进行接线并进行检查	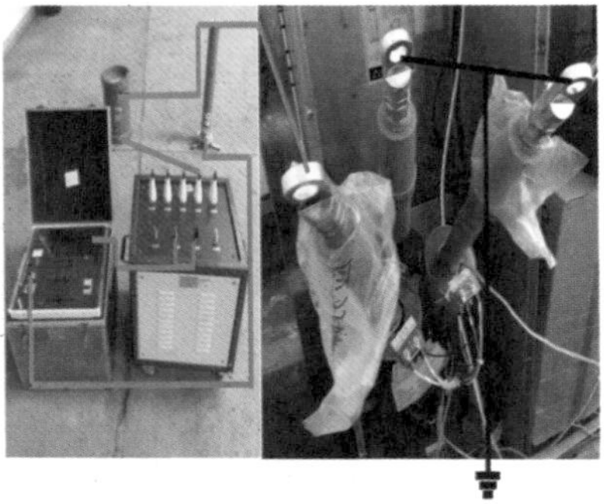 1. 耐压应逐相进行，非被试相应可靠接地并与被试相保持足够距离； 2. 高压引线应尽可能短、平、直，并与地电位保持足够距离，引线较长时应有绝缘支撑； 3. 设备外壳应可靠接地	确认(　)

续表

序号	步骤	项目	要　　求	执行
3	安全	01、02头监护	  1. 电缆01、02头设专人监护； 2. 试验人员站在绝缘垫上； 3. 接通电源前，与01、02头监护人取得联系通知保持安全距离，即将加压，注意线路带电	确认（　）

续表

序号	步骤	项目	要　求	执行
4	参数设置	设置参数	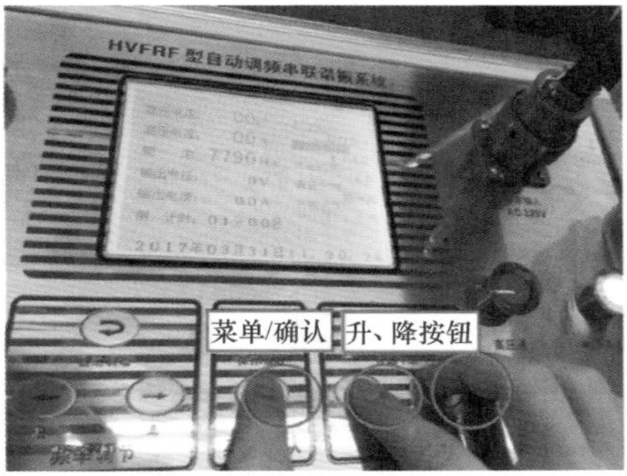 1. 接通电源后，应通过“菜单/确认”“升”“降”按钮，对试验参数逐一进行调节； 2. 根据 GB 50150—2016《电气装置安装工程电气设备交接试验标准》的最新规定，设置电压及耐压时间	确认（　）
5	频率调谐	查找谐振频率	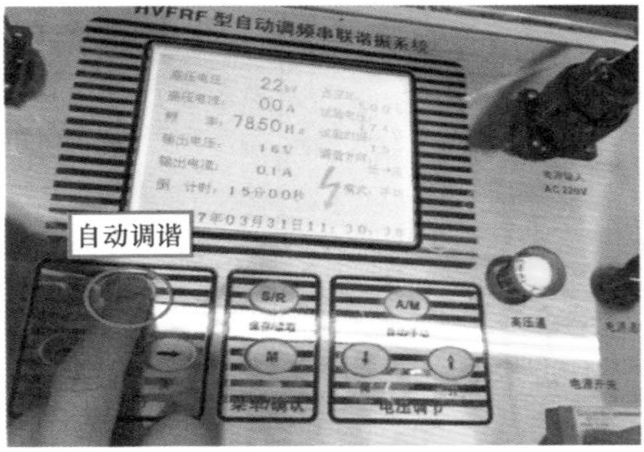 1. 自动调谐：点击“自动调谐”按钮，自动获取电路谐振频率； 2. 手动调谐：给电路适当加压，再点击频率调节左右键，当高压电压为最高时对应的频率即为谐振频率	确认（　）

续表

序号	步骤	项目	要　求	执行
6	升压	被试电缆施加试验电压	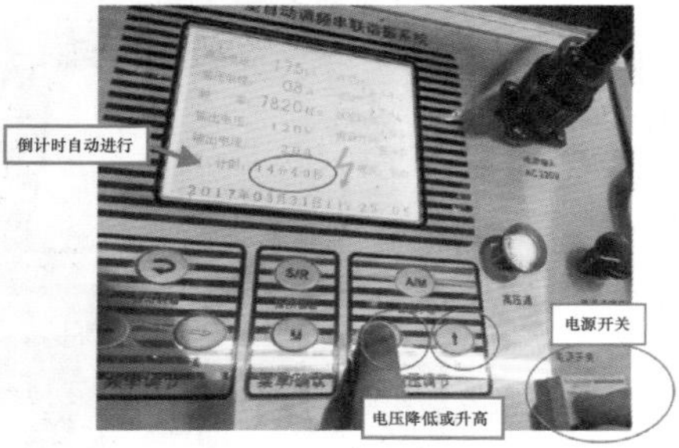 1. 待获得谐振频率后，点击电压调节的“升”按钮，将输出电压升高到设定被试电压，注意请保持缓慢升压； 2. 达到设定电压后，变频电源自动进行倒计时。倒计时全程双手要放在变频电源开关处	确认（　）
7	降压	被试电缆降压	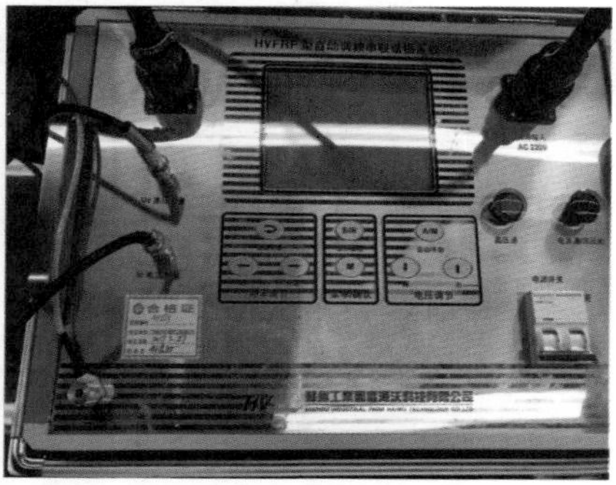 待倒计时结束后，变频电源会自动降压。降压为0后，待“电源通/高压断”的绿灯亮，关闭“电源开关”，拔下“电源插头”	确认（　）

续表

序号	步骤	项目	要　求	执行
8	放电	对被测相进行充分放电	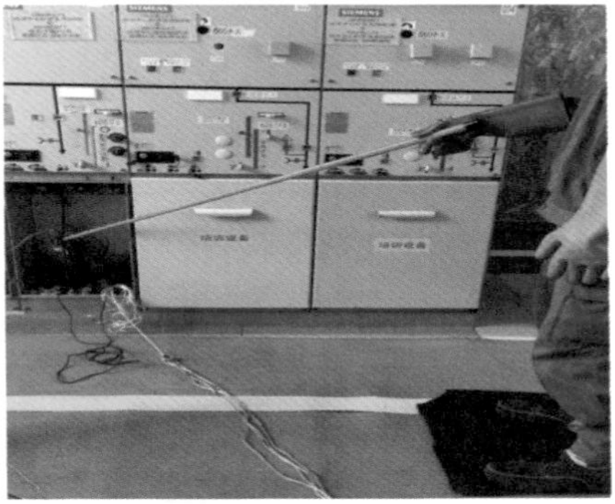 1. 站在绝缘垫上； 2. 戴绝缘手套，使用放电棒； 3. 电缆 01、02 头充分放电	确认（　）
9	换相测量	分别对另外两相进行耐压试验	按照 2～8 的顺序分别对另外两相进行耐压试验	确认（　）
10	拆线		 拆除试验人员自装引线及试验设备连接线，收拾仪器	确认（　）
11	填写试验数据	准确填写所测数据	1. 耐压过程中应无异常、闪络、电流突然增大等现象； 2. 准确记录试验电压及耐压时间至报告对应位置	确认（　）

➘ 1.6 作 业 终 结

作业终结步骤及要求见表 1－8。

表 1－8　　　　作业终结步骤及要求

序号	步骤	项目	要　求	执行
1	清点仪器恢复现场	清点仪器设备	1. 切断试验电源，将仪器、工具、材料搬离试验现场； 2. 恢复被试设备至试验前状态，做到工完、料尽、场地清	确认（　）
2	整理试验报告	将试验报告上所需数据进行完善	**10kV电力电缆试验报告** 天气：　气温：　℃　湿度：　% 设备运行单位 ________ 试验日期 ________ 试验性质 ________ 型　号 ________ 额定电压 ________ kV 长　度 ________ m 线路名称 ________ 试验位置：A-B、C 地；B-A、C 地；C-A、B 地 绝缘电阻(MΩ)：耐压前；耐压后 仪表型号\编号 交流耐压：试验电压(kV)；谐振频率（Hz）；试验时间(min)；结　果 仪表型号\编号 备　注 结　论 审核：　核对：　试验人员：	确认（　）

续表

序号	步骤	项目	要　求	执行
2	整理试验报告	将试验报告上所需数据进行完善	1. 检查各项试验项目、数据是否齐全，数据记录是否准确，并对所测数据按要求进行计算； 2. 工作负责人及各试验人员在现场试验记录上签名确认	确认（　）
3	工作终结	联系运行班办理工作终结手续	1. 告知运行班设备已完成试验，各项试验安全措施已解除，设备恢复至试验前状态。 2. 向运行班组出具试验报告并说明试验情况	确认（　）

2 配电开关柜及组合电器交接试验作业指导书

2.1 配电开关柜试验项目介绍

负荷开关柜试验包括回路电阻测试、绝缘电阻测试、工频耐压试验。

（1）回路电阻测试。回路电阻测试主要针对整个通电回路的连接性能进行检测，尤其是在内部焊接处、断口连接处，通过所得的电阻值进行判别。

（2）绝缘电阻测试。绝缘电阻测试包括开关柜的断口绝缘，相对相、地绝缘。在进行比较危险和破坏性试验前，先进行绝缘电阻的测试，可以提前发现绝缘材料比较大的绝缘缺陷。

（3）工频交流耐压试验。工频交流耐压试验则主要是发现开关柜问题中比较危险的集中性缺陷。因耐压试验有可能使绝缘中的一些弱点更加突出，因此在耐压试验前必须对试品先进行绝缘测试等非高压项目试验。

2.2 配电开关柜试验参考标准

本指导书的配电开关柜试验参考标准 GB 50150—2016《电气装置安装工程电气设备交接试验标准》。

隔离开关、负荷开关及高压熔断器的试验项目，应包括下列内容：

1. 测量负荷开关导电回路的电阻

（1）宜采用电流不小于 100A 的直流压降法。

（2）测试结果不应超过产品技术条件规定。

2. 测量绝缘电阻

应测量隔离开关与负荷开关的有机材料传动杆的绝缘电阻，不低于 1200MΩ。

3. 交流耐压试验，应符合下列规定

（1）三相同一箱体的负荷开关，应按相间及相对地进行耐压试验，还应按产品技术条件规定进行每个断口的交流耐压试验。试验电压应符合表 2－1 的规定。

表 2－1　　试验电压标准

额定电压（kV）	1min 工频耐受电压（kV）有效值			
	相对地	相间	断路器断口	隔离断口
12	42/30	42/30	42/30	48/36

注　斜线下的数值为中性点接地系统使用的数值，亦为湿试时的数值。

（2）35kV 及以下电压等级的隔离开关应进行交流耐压试验，可在母线安装完毕后一起进行。

2.3　配电开关柜试验项目

配电开关柜试验项目具体有如下三项，见表 2－2。

（1）测量配电开关柜导电回路的电阻。

（2）测量配电开关柜绝缘电阻。

（3）负荷开关柜交流耐压试验。

表 2-2　　**10kV 高压开关柜试验项目**

<table>
<tr><td colspan="5">绝缘电阻（MΩ）</td><td rowspan="2">回路电阻测试</td></tr>
<tr><td rowspan="2">测量位置</td><td colspan="2">耐压前</td><td colspan="2">耐压后</td></tr>
<tr><td>断口</td><td>相对相、地</td><td>断口</td><td>相对相、地</td><td>导电电阻（μΩ）</td></tr>
<tr><td>A 相</td><td></td><td></td><td></td><td></td><td></td></tr>
<tr><td>B 相</td><td></td><td></td><td></td><td></td><td></td></tr>
<tr><td>C 相</td><td></td><td></td><td></td><td></td><td></td></tr>
<tr><td>仪表型号/编号</td><td colspan="4"></td><td></td></tr>
<tr><td colspan="6">交流耐压</td></tr>
<tr><td rowspan="2">测量位置</td><td colspan="2">电压（kV）</td><td colspan="2">时间（s）</td><td rowspan="2">结果</td></tr>
<tr><td colspan="2">断口</td><td colspan="2">断口</td></tr>
<tr><td>A 相</td><td colspan="2"></td><td colspan="2"></td><td></td></tr>
<tr><td>B 相</td><td colspan="2"></td><td colspan="2"></td><td></td></tr>
<tr><td>C 相</td><td colspan="2"></td><td colspan="2"></td><td></td></tr>
<tr><td colspan="6">交流耐压</td></tr>
<tr><td rowspan="2">测量位置</td><td colspan="2">电压（kV）</td><td colspan="2">时间（s）</td><td rowspan="2">结果</td></tr>
<tr><td colspan="2">相对相、地</td><td colspan="2">相对相、地</td></tr>
<tr><td>A 相</td><td colspan="2"></td><td colspan="2"></td><td></td></tr>
<tr><td>B 相</td><td colspan="2"></td><td colspan="2"></td><td></td></tr>
<tr><td>C 相</td><td colspan="2"></td><td colspan="2"></td><td></td></tr>
<tr><td>仪表型号/编号</td><td colspan="5"></td></tr>
<tr><td>备注</td><td colspan="5"></td></tr>
<tr><td></td><td colspan="5"></td></tr>
</table>

注　由于交流耐压试验属于破坏性试验，是否具备试验条件须绝缘电阻测量数据支撑，因此配电开关柜试验顺序一般为回路电阻测试、绝缘电阻测试（耐压前）、交流耐压试验、绝缘电阻测试（耐压后）。

↘ 2.4 工 作 前 准 备

工作前准备内容见表 2-3。

表 2-3　　　　　　工 作 前 准 备

序号	准备项	准备次项	准备项内容	执行
1	作业前准备	试验仪器	回路电阻测试仪、绝缘电阻表、试验变压器、操作箱，仪器（仪表）通电检查正常并确认在有效期内	确认（ ）
2		资料	试验记录表、交接试验规程	确认（ ）
3		绝缘工器具	验电器、绝缘靴、绝缘手套、绝缘垫、接地线、绝缘放电棒外观完好并在有效期内	确认（ ）
4		材料	个人工具、温湿度计、便携式电源线架（有漏电保护装置）、安全警示牌、安全围栏、测量导线、裸导线、接地线、绝缘带、酒精纸若干	确认（ ）
5		施工环境、设备确认	设备名称编号、铭牌明确；设备外观、接地良好；安全围栏设置合理、警示牌符合要求、现场及施工设备周围无杂物；现场环境空气相对湿度一般不高于 80%、温度不低于 5℃	确认（ ）
6		验电放电	对被试品进行验电并充分放电，确保被试品无残留电荷危及人身安全	确认（ ）

2.5 作 业 过 程

2.5.1 回路电阻测试

（1）作业标准。测量值不大于制造厂规定值的 120%，三相数值相差不大。

（2）作业步骤，见表 2-4。

表 2-4 作 业 步 骤

序号	步骤	项目	要 求	执行
1	仪器选择	回路电阻测试仪	宜采用电流不小于 100A 的直流压降法	确认（ ）
2	试验接线	接线	G01 柜和 G02 柜开关当前状态为闭合状态，图中接线测量的是 G01 柜 C 相到 G02 柜 C 相的回路电阻	确认（ ）
3	测量	设置参数并测量	1. 测量时选择 100A 挡； 2. 读数稳定时读取数据； 3. 测量结束后关闭仪器	确认（ ）
4	放电	对被测相进行充分放电	1. 站在绝缘垫上； 2. 戴绝缘手套； 3. 先经电阻放电，后直接放电	确认（ ）
5	换相测量	分别测量另外两相	按要求分别测量另外两相的回路电阻值	确认（ ）

续表

<table>
<tr><th>序号</th><th>步骤</th><th>项目</th><th>要　　求</th><th>执行</th></tr>
<tr><td>6</td><td>拆线</td><td>拆除并整理仪器</td><td>三相的导电回路的电阻值测量完成后，拆除试验人员自装引线，收拾仪器</td><td>确认（　）</td></tr>
<tr><td>7</td><td>填写试验数据</td><td>准确填写所测数据并初判</td><td>在对应的表格当中填写数据
<table>
<tr><th colspan="5">绝缘电阻（MΩ）</th><th>回路电阻测试</th></tr>
<tr><th rowspan="2">测量位置</th><th colspan="2">耐压前</th><th colspan="2">耐压后</th><th></th></tr>
<tr><th>断口</th><th>相对相、地</th><th>断口</th><th>相对相、地</th><th>导电电阻（μΩ）</th></tr>
<tr><td>A相</td><td></td><td></td><td></td><td></td><td></td></tr>
<tr><td>B相</td><td></td><td></td><td></td><td></td><td></td></tr>
<tr><td>C相</td><td></td><td></td><td></td><td></td><td></td></tr>
<tr><td>仪表型号/编号</td><td colspan="4"></td><td></td></tr>
</table>
</td><td>确认（　）</td></tr>
</table>

2.5.2　开关柜绝缘电阻测量

（1）作业标准。

1）采用试验电压为2500V的绝缘电阻表，测量时间为1min。

2）耐压前后，绝缘电阻应无明显变化。

3）耐压前后绝缘电阻值不低于1200MΩ。

（2）相、相及地绝缘电阻测量步骤，见表2-5。

表2-5　　　　相、相及地绝缘电阻测量步骤

序号	步骤	项目	要　　求	执行
1	仪器选择	绝缘电阻表（兆欧表）	绝缘电阻表：输出电压≥2500V	确认（　）
2	试验接线	接线	测相、相及地绝缘电阻时，被测开关柜应为闭合状态（如被测开关柜为同一母排，可全部合上同时测量），测某一相的绝缘时，另外两相短接接地，并保证接地可靠。图中为测量G01柜至G02柜的A相绝缘电阻，B、C相短接接地	确认（　）

续表

<table>
<tr><th>序号</th><th>步骤</th><th>项目</th><th>要　求</th><th>执行</th></tr>
<tr><td>2</td><td>试验接线</td><td>接线</td><td></td><td>确认（　）</td></tr>
<tr><td>3</td><td>测量</td><td>设置参数并测量</td><td>1. 测开关柜绝缘电阻选择 2500V 挡；
2. 读取 1min 时的数据；
3. 测量结束后关闭仪器</td><td>确认（　）</td></tr>
<tr><td>4</td><td>放电</td><td>对被测相进行充分放电</td><td>1. 站在绝缘垫上；
2. 戴绝缘手套；
3. 先经电阻放电，后直接放电</td><td>确认（　）</td></tr>
<tr><td>5</td><td>换相测量</td><td>分别测量另外两相</td><td>按要求分别测量另外两相的绝缘电阻值</td><td>确认（　）</td></tr>
<tr><td>6</td><td>拆线</td><td>拆除并整理仪器</td><td>三相的绝缘电阻测量完成后，拆除试验人员自装引线，收拾仪器</td><td>确认（　）</td></tr>
<tr><td>7</td><td>填写试验数据</td><td>准确填写所测数据并初判</td><td>在对应的表格当中填写数据
<table>
<tr><td rowspan="3">测量位置</td><td colspan="4">绝 缘 电 阻（MΩ）</td><td rowspan="2">回路电阻测试</td></tr>
<tr><td colspan="2">耐压前</td><td colspan="2">耐压后</td></tr>
<tr><td>断口</td><td>相对相、地</td><td>断口</td><td>相对相、地</td><td>导电电阻（μΩ）</td></tr>
<tr><td>A相</td><td></td><td></td><td></td><td></td><td></td></tr>
<tr><td>B相</td><td></td><td></td><td></td><td></td><td></td></tr>
<tr><td>C相</td><td></td><td></td><td></td><td></td><td></td></tr>
<tr><td>仪表型号/编号</td><td colspan="4"></td><td></td></tr>
</table>
</td><td>确认（　）</td></tr>
</table>

续表

<table>
<tr><th>序号</th><th>步骤</th><th>项目</th><th>要　求</th><th>执行</th></tr>
<tr><td>8</td><td>耐压后复测</td><td>耐压试验后测量绝缘电阻</td><td>1. 待耐压试验后重复1～8项；
2. 所测绝缘电阻应与耐压前测得绝缘电阻值无明显变化
<table>
<tr><td colspan="5">绝缘电阻（MΩ）</td><td>回路电阻测试</td></tr>
<tr><td rowspan="2">测量位置</td><td colspan="2">耐压前</td><td colspan="2">耐压后</td><td></td></tr>
<tr><td>断口</td><td>相对相、地</td><td>断口</td><td>相对相、地</td><td>导电电阻（μΩ）</td></tr>
<tr><td>A相</td><td></td><td></td><td></td><td></td><td></td></tr>
<tr><td>B相</td><td></td><td></td><td></td><td></td><td></td></tr>
<tr><td>C相</td><td></td><td></td><td></td><td></td><td></td></tr>
<tr><td>仪表型号/编号</td><td colspan="4"></td><td></td></tr>
</table>
</td><td>确认（　）</td></tr>
</table>

（3）断口绝缘电阻测量步骤，见表2－6。

表2－6　　断口绝缘电阻测量步骤

序号	步骤	项目	要　求	执行
1	仪器选择	绝缘电阻表（兆欧表）	绝缘电阻表：输出电压≥2500V	确认（　）
2	试验接线	接线	测量开关柜的断口绝缘电阻时，如果有两个开关柜，测第一个柜时，接线如图，其中第一个柜为断开状态，第二个柜为闭合状态 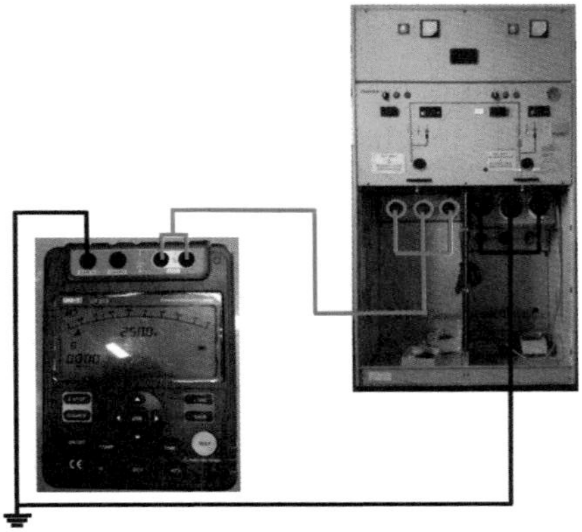	确认（　）

续表

<table>
<tr><th>序号</th><th>步骤</th><th>项目</th><th>要　求</th><th>执行</th></tr>
<tr><td>3</td><td>测量</td><td>设置参数并测量</td><td>1. 测开关柜绝缘电阻选择 2500V 挡；
2. 读取 1min 时的数据；
3. 测量结束后关闭仪器</td><td>确认（　）</td></tr>
<tr><td>4</td><td>放电</td><td>对被测相进行充分放电</td><td>1. 站在绝缘垫上；
2. 戴绝缘手套；
3. 先经电阻放电，后直接放电</td><td>确认（　）</td></tr>
<tr><td>5</td><td>换柜测量</td><td>分别测量另外的柜子的断口绝缘</td><td>按要求分别测量另外的开关柜断口的绝缘电阻值</td><td>确认（　）</td></tr>
<tr><td>6</td><td>拆线</td><td>拆除并整理仪器</td><td>全部开关柜的断口绝缘电阻测量完成后，拆除试验人员自装引线，收拾仪器</td><td>确认（　）</td></tr>
<tr><td>7</td><td>填写试验数据</td><td>准确填写所测数据并初判</td><td>在对应的表格当中填写数据
<table>
<tr><td rowspan="3">测量位置</td><td colspan="4">绝缘电阻（MΩ）</td><td rowspan="2">回路电阻测试</td></tr>
<tr><td colspan="2">耐压前</td><td colspan="2">耐压后</td></tr>
<tr><td>断口</td><td>相对相、地</td><td>断口</td><td>相对相、地</td><td>导电电阻（μΩ）</td></tr>
<tr><td>A相</td><td></td><td></td><td></td><td></td><td></td></tr>
<tr><td>B相</td><td></td><td></td><td></td><td></td><td></td></tr>
<tr><td>C相</td><td></td><td></td><td></td><td></td><td></td></tr>
<tr><td>仪表型号/编号</td><td colspan="4"></td><td></td></tr>
</table></td><td>确认（　）</td></tr>
<tr><td>8</td><td>耐压后复测</td><td>耐压试验后测量绝缘电阻</td><td>1. 待耐压试验后重复 1～8 项；
2. 所测绝缘电阻应与耐压前测得绝缘电阻值无明显变化
<table>
<tr><td rowspan="3">测量位置</td><td colspan="4">绝缘电阻（MΩ）</td><td rowspan="2">回路电阻测试</td></tr>
<tr><td colspan="2">耐压前</td><td colspan="2">耐压后</td></tr>
<tr><td>断口</td><td>相对相、地</td><td>断口</td><td>相对相、地</td><td>导电电阻（μΩ）</td></tr>
<tr><td>A相</td><td></td><td></td><td></td><td></td><td></td></tr>
<tr><td>B相</td><td></td><td></td><td></td><td></td><td></td></tr>
<tr><td>C相</td><td></td><td></td><td></td><td></td><td></td></tr>
<tr><td>仪表型号/编号</td><td colspan="4"></td><td></td></tr>
</table></td><td>确认（　）</td></tr>
</table>

2.5.3 交流耐压试验

（1）作业标准。

1）开关柜相、相及地交流耐压采用 42kV 或者出厂试验值 80%的试验电压，试验时间为 1min。

2）开关柜断口交流耐压采用 48kV 或者出厂试验值 80%的试验电压，试验时间为 1min。

（2）相、相及地交流耐压试验步骤，见表 2－7。

表 2－7　　相、相及地交流耐压试验步骤

序号	步骤	项目	要　求	执行
1	仪器选择	试验变压器	试验变压器、试验变压器操作箱	确认（　）
2	试验接线	接线	做相、相及地交流耐压时，试验的开关柜应为闭合状态（如试验的开关柜为同一母排，可全部合上同时进行），做某一相的交流耐压试验，另外两相短接接地，并保证接地可靠 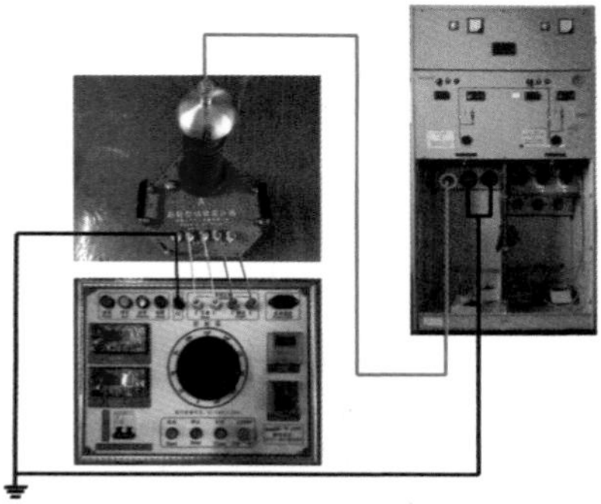	确认（　）
3	测量	设置参数并测量	1. 开关柜相、相及地的交流耐压等级为 42kV 或者出厂试验值的 80%； 2. 试验时间为 1min； 3. 测量结束后关闭仪器	确认（　）
4	放电	对被试相进行充分放电	1. 站在绝缘垫上； 2. 戴绝缘手套； 3. 先经电阻放电，后直接放电	确认（　）
5	换相试验	分别试验另外两相	按要求分别进行另外两相的交流耐压试验	确认（　）
6	拆线	拆除并整理仪器	三相的交流耐压试验完成后，拆除试验人员自装引线，收拾仪器	确认（　）

续表

序号	步骤	项目	要　求	执行
7	填写试验数据	准确填写所测数据并初判	在对应的表格当中填写数据：	确认（　）

交　流　耐　压			
测量位置	电压（kV）	时间（s）	结果
	相对相、地	相对相、地	
A相			
B相			
C相			

（3）断口交流耐压试验，见表2－8。

表2－8　　　　断口交流耐压试验步骤及要求

序号	步骤	项目	要　求	执行
1	仪器选择	试验变压器	试验变压器、试验变压器操作箱	确认（　）
2	试验接线	接线	在进行交流耐压试验时，如果有两个开关柜，试验第一个柜时，接线如图，其中被试柜为断开状态，第二个柜为闭合状态 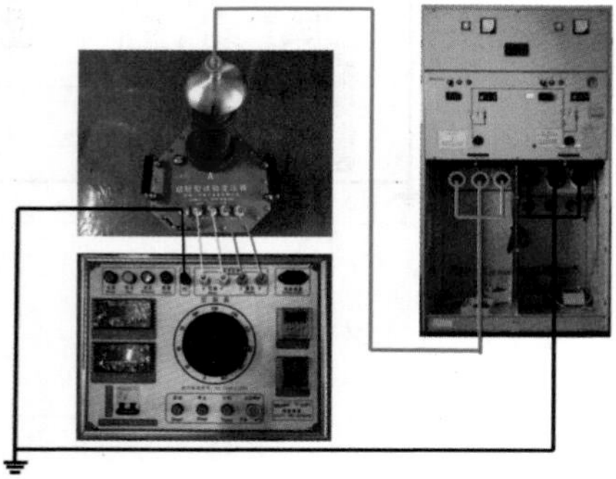	确认（　）
3	测量	设置参数并测量	1. 按出厂试验电压值的0.8倍。 2. 开关断口耐压试验值为48kV。 3. 耐压试验时间为1min	确认（　）
4	放电	对被试相进行充分放电	1. 站在绝缘垫上； 2. 戴绝缘手套； 3. 先经电阻放电，后直接放电	确认（　）

续表

<table>
<tr><th>序号</th><th>步骤</th><th>项目</th><th>要　求</th><th>执行</th></tr>
<tr><td>5</td><td>换柜试验</td><td>分别测量另外的柜子的断口绝缘</td><td>按要求分别进行其他开关柜的断口交流耐压</td><td>确认（　）</td></tr>
<tr><td>6</td><td>拆线</td><td>拆除并整理仪器</td><td>全部开关柜的断口交流耐压试验完成后，拆除试验人员自装引线，收拾仪器</td><td>确认（　）</td></tr>
<tr><td>7</td><td>填写试验数据</td><td>准确填写所测数据并初判</td><td>在对应的表格当中填写数据
<table>
<tr><th colspan="4">交　流　耐　压</th></tr>
<tr><th rowspan="2">测量位置</th><th>电压（kV）</th><th>时间（s）</th><th rowspan="2">结果</th></tr>
<tr><th>断口</th><th>断口</th></tr>
<tr><td>A相</td><td></td><td></td><td></td></tr>
<tr><td>B相</td><td></td><td></td><td></td></tr>
<tr><td>C相</td><td></td><td></td><td></td></tr>
</table>
</td><td>确认（　）</td></tr>
</table>

3 10kV 三相干式电力变压器交接试验作业指导书

3.1 三相干式电力变压器试验项目介绍

三相干式电力变压器包括直流电阻测试、变比测试、绝缘电阻测试、工频交流耐压试验。

（1）直流电阻测试。变压器绕组直流电阻测试的目的是：检查绕组接头的焊接质量和绕组有无匝间短路；电压分接开关的各个位置接触是否良好以及分接开关实际位置与指示位置是否相符；引出线有无断裂；多股导线并绕的绕组是否有断股等情况。变压器绕组的直流电阻测试是变压器在交接、大修和改变分接开关后必不可少的试验项目，也是故障后的重要检查项目。

（2）变比测试。变比测试的目的是：① 检查变压器绕组匝数比的正确性；② 检查分接开关的状况；③ 变压器发生故障后，常用测量电压比来检查变压器是否存在匝间短路；④ 判断变压器是否可以并列运行。

（3）绝缘电阻测试。变压器绝缘电阻测试的目的是：① 初步判断变压器绝缘性能的好坏；② 鉴别变压器绝缘的整体或局部是否受潮；③ 检查绝缘表面是否脏污，有无放电或击穿所形成的贯通性局部缺陷；④ 检查有无瓷套管开裂、引线碰地、器身内有铜线搭桥等造成的半通性或金属性短路的缺陷。

（4）工频交流耐压试验。工频交流耐压试验是鉴定 10kV 配电变压器绝缘强度最有效和最直接的方法，它能检查出是否存在危险性较大的集中性缺陷，对判断变压器能否投入运行具有决定性作用，是保证变压器绝缘水平、避免发生绝缘事故的重要手段。在 10kV 配电变压器的交接试验中，交流耐压电压一般为 28kV，加压时间 1min。配电变压器的交流耐压试验分为高对低及地、低对高及地两项，其中低对高及地耐压一般可以由低对高及地的绝缘电阻试验代替。

3.2 配电变压器试验参考标准

本指导书的配电变压器试验参考标准为：GB 50150—2016《电气装置安装工程电气设备交接试验标准》。

（1）测量绕组连同套管的直流电阻，应符合表 3－1 规定。

表 3－1 测量绕组连同套管的直流电阻规定

序号	项目	试验参考标准
1	选取正确的测量电流	掌握仪器特性，操作规范。设置试验电流时，根据直流电阻测试“小电阻大电流，大电阻小电流”的原则，变压器的低压侧一般选择 10A，高压侧一般选择 2A
2	直阻偏差计算公式	（三相中最大值–最小值）/最小值×100%
3	测量结果值判断 1	1600kVA 及以下三相变压器，各相绕组相互间的差别不应大于 4%；无中性点引出的绕组,线间各绕组相互间的差别不应大于 2%（相四线二）；1600kVA 以上变压器，各相绕组相互间的差别不应大于 2%；无中性点引出的绕组,线间各绕组相互间的差别不应大于 1%（相二线一）
4	测量结果值判断 2	与出厂试验报告相同部位测得值比较，其变化不应大于 2%

（2）测量变比，应符合表 3－2 的规定。

表 3－2　　　　　　　　测量变比参考标准

序号	项目	试验参考标准
1	确定变压器额定挡位	查看变压器铭牌，确定变压器额定挡位高低压侧的额定电压并且记录
2	额定变比计算	高压侧额定电压/低压侧额定电压
3	极差计算	铭牌相邻两档电压之差/额定电压
4	测量结果值判断	1）电压等级在 35kV 以下，电压比小于 3 的变压器电压比允许偏差应为±1%； 2）所有变压器额定分接下电压比允许偏差不应超过±0.5%； 3）其他分接的电压比应在变压器阻抗电压值（%）的 1/10 以内，且允许偏差应为±1%； 4）所有分接的电压比应符合电压比规律

（3）测量绝缘电阻，应符合表 3－3 的规定。

表 3－3　　　　　　　　测量绝缘电阻参考标准

序号	项目	试验参考标准
1	试验电压	2500V
2	持续时间	1min
3	试验过程要求	应无闪络及击穿现象
4	测量结果值判断	绝缘电阻值不应低于产品出厂试验值的 70%或不低于 10000MΩ（干式）/300MΩ（油浸式）(20℃)

（4）交流耐压试验，应符合表 3－4 的规定。

表 3－4　　　　　　　　交流耐压试验参考标准

序号	项目	试验参考标准
1	加压时间	配变交接试验中的交流耐压加压时间为 1min
2	所加电压	高对低接地中，高压侧加压 28kV

续表

序号	项目	试验参考标准
3	观察项目	1）在加压过程中，操作箱上电压表的示数是否出现突降、电流表的示数突然变大的现象。 2）加压过程中，被试变压器是否发出异常放电声，出现放电火光以及冒烟等现象
4	测量结果值判断	若在加压过程中，操作箱上电压表示数没有出现突降、电流表示数突然变大的现象；被试变压器没有发出异常放电声，或者出现放电火光以及冒烟等现象，则通过耐压试验

3.3 配电变压器试验项目

配电变压器试验项目具体见表 3－5，如下四项：

（1）测量配电变压器绕组连同套管的直流电阻。

（2）检查所有分接的变比。

（3）测量铁芯及夹件的绝缘电阻。

（4）绕组连同套管的交流耐压试验。

表 3－5　　10kV 三相干式电力变压器试验报告

天气：　　气温：　　℃　　湿度：　　%

设备运行单位__________　设备名称__________

试验日期__________　试验性质__________　制造厂__________

型号__________　出厂编号__________　容量__________kVA

出厂日期__________　接线组别__________　额定电压______/______kV

额定电流______/______A　阻抗电压__________%

绝缘电阻（MΩ）			交流耐压		
测量位置	耐压前（60″）	耐压后（60″）	试验电压（kV）	时间（s）	结果
铁芯—地					
高—低地					
低—高地					

续表

<table>
<tr><td rowspan="7">绕组直流电阻</td><td colspan="2">高压位置</td><td>1</td><td>2</td><td>3</td><td>4</td><td>5</td><td>6</td><td>7</td><td>8</td><td>9</td></tr>
<tr><td rowspan="3">数值（Ω）</td><td>AB</td><td></td><td></td><td></td><td></td><td></td><td></td><td></td><td></td><td></td></tr>
<tr><td>BC</td><td></td><td></td><td></td><td></td><td></td><td></td><td></td><td></td><td></td></tr>
<tr><td>CA</td><td></td><td></td><td></td><td></td><td></td><td></td><td></td><td></td><td></td></tr>
<tr><td colspan="2">相差（%）</td><td></td><td></td><td></td><td></td><td></td><td></td><td></td><td></td><td></td></tr>
<tr><td colspan="3">低压位置</td><td colspan="2">ao</td><td colspan="2">bo</td><td colspan="2">co</td><td colspan="2">相差（%）</td></tr>
<tr><td colspan="3">数值（mΩ）</td><td colspan="2"></td><td colspan="2"></td><td colspan="2"></td><td colspan="2"></td></tr>
</table>

<table>
<tr><td>测量位置</td><td>分接位置</td><td>变压比</td><td>AB/ab</td><td>BC/bc</td><td>CA/ca</td><td>最大误差（%）</td></tr>
<tr><td rowspan="9">变比</td><td>1</td><td></td><td></td><td></td><td></td><td></td></tr>
<tr><td>2</td><td></td><td></td><td></td><td></td><td></td></tr>
<tr><td>3</td><td></td><td></td><td></td><td></td><td></td></tr>
<tr><td>4</td><td></td><td></td><td></td><td></td><td></td></tr>
<tr><td>5</td><td></td><td></td><td></td><td></td><td></td></tr>
<tr><td>6</td><td></td><td></td><td></td><td></td><td></td></tr>
<tr><td>7</td><td></td><td></td><td></td><td></td><td></td></tr>
<tr><td>8</td><td></td><td></td><td></td><td></td><td></td></tr>
<tr><td>9</td><td></td><td></td><td></td><td></td><td></td></tr>
<tr><td>仪表型号/编号</td><td colspan="6"></td></tr>
<tr><td>备注</td><td colspan="6"></td></tr>
<tr><td>结论</td><td colspan="6"></td></tr>
</table>

审核：　　　　　　　　核对：　　　　　　　　试验人员：

注　由于交流耐压试验属于破坏性试验，是否具备试验条件须绝缘电阻测量数据支撑，因此配电变压器试验顺序一般为直流电阻测试、变比测试、绝缘电阻测试（耐压前）、交流耐压试验、绝缘电阻测试（耐压后）。

↘ 3.4 作 业 前 准 备

作业前准备工作及内容见表 3–6。

表 3–6　　作业前准备工作及内容

序号	准备项	准备次项	准备项内容	执行
1	作业前准备	试验仪器	直流电阻测试仪、变比测试仪、绝缘电阻表、试验变压器、操作箱，仪器（仪表）通电检查正常并确认在有效期内	确认（　）
2		资料	试验记录表、交接试验规程	确认（　）
3		绝缘工器具	验电器、绝缘靴、绝缘手套、绝缘垫、接地线、绝缘放电棒外观完好并在有效期内	确认（　）
4		材料	个人工具、温湿度计、便携式电源线架（有漏电保护装置）、安全警示牌、安全围栏、测量导线、裸导线、接地线、绝缘带、酒精纸若干	确认（　）
5		施工环境、设备确认	设备名称编号、铭牌明确；设备外观、接地良好；安全围栏设置合理、警示牌符合要求、现场及施工设备周围无杂物；现场环境空气相对湿度一般不高于 80%、温度不低于 5℃	确认（　）
6		验电放电	对被试品进行验电并充分放电，确保被试品无残留电荷危及人身安全	确认（　）

➘ 3.5 作 业 过 程

3.5.1 直流电阻测试

（1）作业标准。1600kVA 以上变压器，相间差不大于三相平均值的 2%，无中性点引出的线间差不大于三相平均值的 1%；1600kVA 及以下变压器，相间差不大于三相平均值的 4%，线间差不大于三相平均值的 2%。

（2）作业步骤，见表 3－7。

表 3－7 直流电阻测试作业步骤

序号	步骤	项目	要 求	执行
1	仪器选择	直流电阻测试仪	高压侧宜采用电流 2A 挡、低压侧采用 5A 或 10A 挡位（大电阻小电流、小电阻大电流）	确认（ ）
2	试验接线	接线	高压绕组接线方式如图所示： 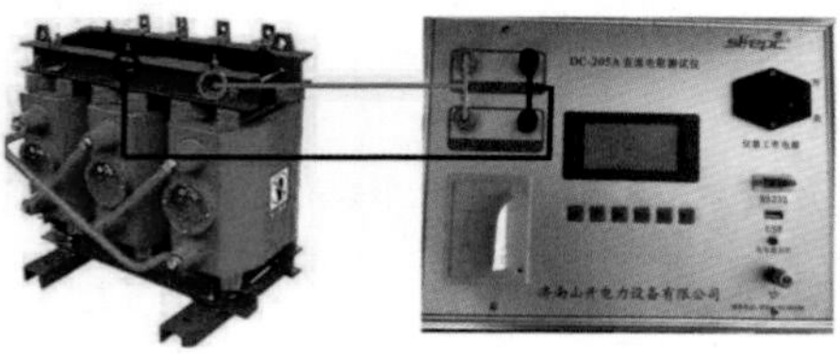 低压绕组接线方式如图所示：  注意：粗线接电流，细线接电压	确认（ ）

续表

<table>
<tr><th>序号</th><th>步骤</th><th>项目</th><th>要　求</th><th>执行</th></tr>
<tr><td>3</td><td>测量</td><td>设置参数并测量</td><td>1. 测量时高压侧时选择 2A 挡，低压侧选择 5A 或 10A 挡；
2. 读数稳定时读取数据；
3. 测量结束后关闭仪器</td><td>确认（　）</td></tr>
<tr><td>4</td><td>放电</td><td>对被测相进行充分放电</td><td>1. 站在绝缘垫上；
2. 戴绝缘手套；
3. 先经电阻放电，后直接放电</td><td>确认（　）</td></tr>
<tr><td>5</td><td>换相测量</td><td>分别测量高压、低压侧</td><td>按要求测每一挡位的高压侧 AB、BC、CA 以及运行挡的 A0、B0、C0</td><td>确认（　）</td></tr>
<tr><td>6</td><td>拆线</td><td>拆除并整理仪器</td><td>所有直流电阻值测量完成后，拆除试验人员自装引线，收拾仪器</td><td>确认（　）</td></tr>
<tr><td>7</td><td>填写试验数据</td><td>准确填写所测数据并初判</td><td>在对应的表格当中填写数据，并计算出相差。
<table>
<tr><td rowspan="7">绕组直流电阻</td><td colspan="2">高压位置</td><td>1</td><td>2</td><td>3</td><td>4</td><td>5</td><td>6</td><td>7</td><td>8</td><td>9</td></tr>
<tr><td rowspan="3">数值(Ω)</td><td>AB</td><td></td><td></td><td></td><td></td><td></td><td></td><td></td><td></td><td></td></tr>
<tr><td>BC</td><td></td><td></td><td></td><td></td><td></td><td></td><td></td><td></td><td></td></tr>
<tr><td>CA</td><td></td><td></td><td></td><td></td><td></td><td></td><td></td><td></td><td></td></tr>
<tr><td colspan="2">相差(%)</td><td></td><td></td><td></td><td></td><td></td><td></td><td></td><td></td><td></td></tr>
<tr><td colspan="3">低压位置</td><td colspan="2">a0</td><td colspan="2">b0</td><td colspan="2">c0</td><td colspan="2">相差(%)</td></tr>
<tr><td colspan="3">数值(mΩ)</td><td colspan="2"></td><td colspan="2"></td><td colspan="2"></td><td colspan="2"></td></tr>
</table>
注意：相差计算公式为相差=（最大值－最小值）/最小值×100%</td><td>确认（　）</td></tr>
</table>

3.5.2　变比测试

（1）作业标准。额定挡变比允许误差为＜±0.5%，其他挡位允许偏差为阻抗电压的 1/10，且允许误差为＜±1%。

（2）作业步骤及要求，见表 3－8。

表 3－8　　作业步骤及要求

序号	步骤	项目	要　求	执行
1	仪器选择	变比测试仪	三相变比测试仪	确认（　）

续表

<table>
<tr><th>序号</th><th>步骤</th><th>项目</th><th>要　求</th><th>执行</th></tr>
<tr><td>2</td><td>试验接线</td><td>接线</td><td>变压器高压侧与仪器高压接线柱对应连接，低压侧与仪器低压接线柱对应连接</td><td>确认（　）</td></tr>
<tr><td>3</td><td>测量</td><td>设置参数并测量</td><td>1. 设置额定变比、接线方式、挡位数量；
2. 设置完成后开始测试；
3. 读数稳定时读取数据；
4. 测量结束后关闭仪器</td><td>确认（　）</td></tr>
<tr><td>4</td><td>放电</td><td>对被测相进行充分放电</td><td>1. 站在绝缘垫上；
2. 戴绝缘手套；
3. 先经电阻放电，后直接放电</td><td>确认（　）</td></tr>
<tr><td>5</td><td>换挡测量</td><td>分别测量所有挡位的变比</td><td>按要求测所有挡位的变比</td><td>确认（　）</td></tr>
<tr><td>6</td><td>拆线</td><td>拆除并整理仪器</td><td>所有直流电阻值测量完成后，拆除试验人员自装引线，收拾仪器</td><td>确认（　）</td></tr>
<tr><td>7</td><td>填写试验数据</td><td>准确填写所测数据并初判</td><td>在对应的表格当中填写数据
<table>
<tr><th>测量位置</th><th>分接位置</th><th>变压比</th><th>AB/ab</th><th>BC/bc</th><th>CA/ca</th><th>最大误差 (%)</th></tr>
<tr><td rowspan="9">变比</td><td>1</td><td></td><td></td><td></td><td></td><td></td></tr>
<tr><td>2</td><td></td><td></td><td></td><td></td><td></td></tr>
<tr><td>3</td><td></td><td></td><td></td><td></td><td></td></tr>
<tr><td>4</td><td></td><td></td><td></td><td></td><td></td></tr>
<tr><td>5</td><td></td><td></td><td></td><td></td><td></td></tr>
<tr><td>6</td><td></td><td></td><td></td><td></td><td></td></tr>
<tr><td>7</td><td></td><td></td><td></td><td></td><td></td></tr>
<tr><td>8</td><td></td><td></td><td></td><td></td><td></td></tr>
<tr><td>9</td><td></td><td></td><td></td><td></td><td></td></tr>
</table></td><td>确认（　）</td></tr>
</table>

3.5.3　绝缘电阻测试

（1）作业标准。

1）采用试验电压为 2500V 的绝缘电阻表，测量时间为 1min。

2）耐压前后，绝缘电阻应无明显变化。

3）高—低地绝缘电阻和低—高地绝缘电阻值不应低于产品

出厂试验值的 70%或不低于 10 000MΩ。

4）测量铁芯对地绝缘电阻时应无闪络及击穿现象。

（2）作业步骤及要求见表 3－9。

表 3－9　　　　　　　　作业步骤及要求

序号	步骤	项目	要　　求	执行
1	仪器选择	变比测试仪	绝缘电阻表：输出电压≥2500V	确认（　）
2	试验接线	接线	铁芯一地接线方式： 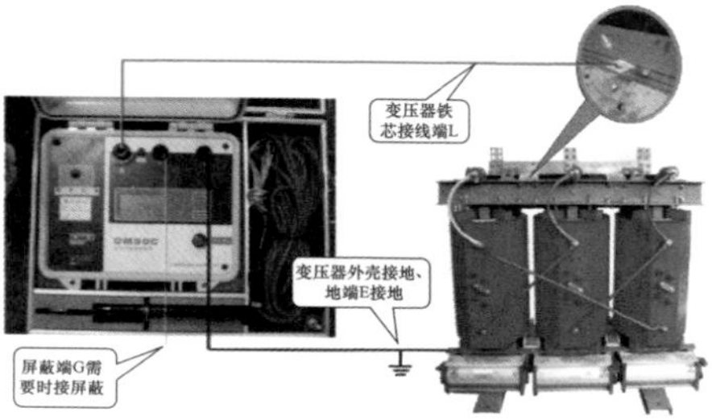 变压器铁芯接线端L 变压器外壳接地、地端E接地 屏蔽端G需要时接屏蔽 高一低地接线方式： 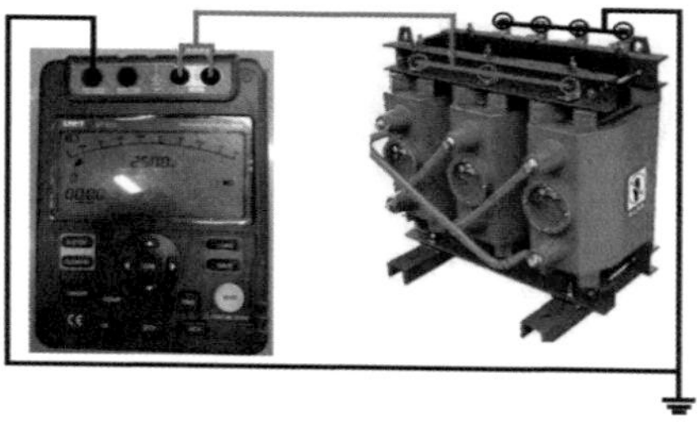	确认（　）

续表

<table>
<tr><th>序号</th><th>步骤</th><th>项目</th><th>要　　求</th><th>执行</th></tr>
<tr><td>2</td><td>试验接线</td><td>接线</td><td>低—高地接线方式： 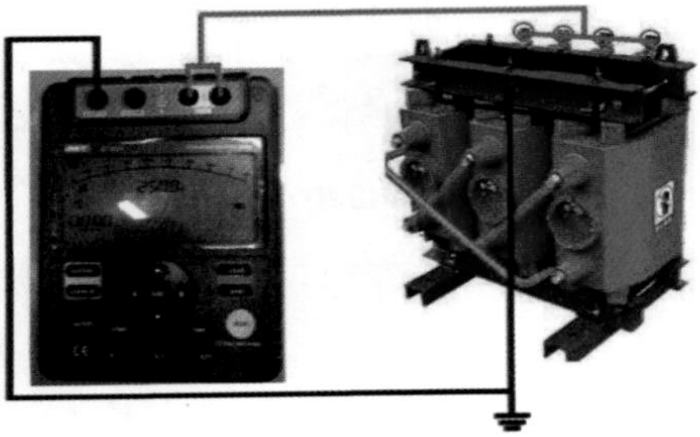</td><td>确认（　）</td></tr>
<tr><td>3</td><td>测量</td><td>设置参数并测量</td><td>1. 测变压器绝缘电阻选择 2500V 挡；
2. 读取 1min 时的数据；
3. 测量结束后关闭仪器</td><td>确认（　）</td></tr>
<tr><td>4</td><td>放电</td><td>对被测相进行充分放电</td><td>1. 站在绝缘垫上；
2. 戴绝缘手套；
3. 先经电阻放电，后直接放电</td><td>确认（　）</td></tr>
<tr><td>5</td><td>分别测量</td><td>分别测量高—低地、低—高地和铁芯—地绝缘</td><td>按要求测高—低地、低—高地和铁芯—地的绝缘</td><td>确认（　）</td></tr>
<tr><td>6</td><td>拆线</td><td>拆除并整理仪器</td><td>所有绝缘电阻值测量完成后，拆除试验人员自装引线，收拾仪器</td><td>确认（　）</td></tr>
<tr><td>7</td><td>填写试验数据</td><td>准确填写所测数据并初判</td><td>在对应的表格当中填写数据
<table>
<tr><th colspan="3">绝缘电阻(MΩ)</th><th colspan="3">交流耐压</th></tr>
<tr><th>测量位置</th><th>耐压前(60″)</th><th>耐压后(60″)</th><th>试验电压(kV)</th><th>时间(s)</th><th>结果</th></tr>
<tr><td>铁芯–地</td><td></td><td></td><td></td><td></td><td></td></tr>
<tr><td>高–低地</td><td></td><td></td><td></td><td></td><td></td></tr>
<tr><td>低–高地</td><td></td><td></td><td></td><td></td><td></td></tr>
</table></td><td>确认（　）</td></tr>
</table>

续表

<table>
<tr><th>序号</th><th>步骤</th><th>项目</th><th>要　求</th><th>执行</th></tr>
<tr><td>8</td><td>耐压后复测</td><td>耐压试验后测量绝缘电阻</td><td>1. 待耐压试验后重复1～8项；
2. 所测绝缘电阻应与耐压前测得绝缘电阻值无明显变化
<table>
<tr><th colspan="3">绝 缘 电 阻 (MΩ)</th><th colspan="3">交 流 耐 压</th></tr>
<tr><th>测量位置</th><th>耐压前 (60″)</th><th>耐压后 (60″)</th><th>试验电压 (kV)</th><th>时间 (s)</th><th>结果</th></tr>
<tr><td>铁芯-地</td><td></td><td></td><td></td><td></td><td></td></tr>
<tr><td>高-低地</td><td></td><td></td><td></td><td></td><td></td></tr>
<tr><td>低-高地</td><td></td><td></td><td></td><td></td><td></td></tr>
</table></td><td>确认（　）</td></tr>
</table>

3.5.4　交流耐压试验

（1）作业标准。

1）高—低地交流耐压采用28kV试验电压，试验时间为1min。

2）低—高地交流耐压采用2.6kV试验电压，试验时间为1min，可用绝缘电阻表2500V挡位代替耐压试验。

（2）作业步骤及要求，见表3－10。

表3－10　　作业步骤及要求

序号	步骤	项目	要　求	执行
1	仪器选择	试验变压器	试验变压器、试验变压器操作箱	确认（　）
2	试验接线	接线	高—低地接线方式： 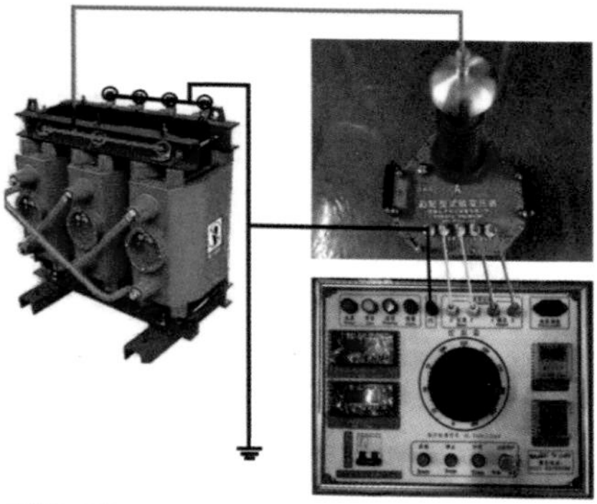	确认（　）

续表

<table>
<tr><th>序号</th><th>步骤</th><th>项目</th><th>要　求</th><th>执行</th></tr>
<tr><td>2</td><td>试验接线</td><td>接线</td><td>铁芯耐压和低—高地耐压用 2500V 绝缘电阻表代替，相当于用 2500V 挡绝缘电阻表在进行绝缘测试的时候已经做过测试</td><td>确认（　）</td></tr>
<tr><td>3</td><td>测量</td><td>设置参数并测量</td><td>1. 变压器高—低地交流耐压按 28kV 进行；
2. 交流耐压时间为 1min；
3. 试验结束后关闭仪器</td><td>确认（　）</td></tr>
<tr><td>4</td><td>放电</td><td>对被测相进行充分放电</td><td>1. 站在绝缘垫上；
2. 戴绝缘手套；
3. 先经电阻放电，后直接放电</td><td>确认（　）</td></tr>
<tr><td>5</td><td>分别测量</td><td>分别试验高—低地、低—高地和铁芯—地绝缘</td><td>按要求进行高—低地、低—高地和铁芯—地的交流耐压试验</td><td>确认（　）</td></tr>
<tr><td>6</td><td>拆线</td><td>拆除并整理仪器</td><td>所有交流耐压试验完成后，拆除试验人员自装引线，收拾仪器</td><td>确认（　）</td></tr>
<tr><td>7</td><td>填写试验数据</td><td>准确填写所测数据并初判</td><td>在对应的表格当中填写数据
<table>
<tr><th colspan="3">绝缘电阻(MΩ)</th><th colspan="3">交流耐压</th></tr>
<tr><th>测量位置</th><th>耐压前(60″)</th><th>耐压后(60″)</th><th>试验电压(kV)</th><th>时间(s)</th><th>结果</th></tr>
<tr><td>铁芯-地</td><td></td><td></td><td></td><td></td><td></td></tr>
<tr><td>高-低地</td><td></td><td></td><td></td><td></td><td></td></tr>
<tr><td>低-高地</td><td></td><td></td><td></td><td></td><td></td></tr>
</table></td><td>确认（　）</td></tr>
</table>

4　10kV 三相油浸式电力变压器交接试验作业指导书

三相油浸式电力变压器试验项目及测试标准参考 3.1～3.3 内容，其实验报告见表 4－1。

表 4－1　　10kV 三相油浸式电力变压器试验报告

天气：　　气温：　　℃　　湿度：　　%

设备运行单位＿＿＿＿＿＿＿＿　　设备名称＿＿＿＿＿＿＿＿

试验日期＿＿＿＿＿＿　　试验性质＿＿＿＿＿＿　　制造厂＿＿＿＿＿＿

型号＿＿＿＿＿＿　　出厂编号＿＿＿＿＿＿　　容量＿＿＿＿＿＿kVA

出厂日期＿＿＿＿＿＿　　接线组别＿＿＿＿＿＿　　额定电压＿＿＿＿/＿＿＿＿kV

额定电流＿＿＿＿/＿＿＿＿A　　阻抗电压＿＿＿＿＿＿%

绝缘电阻（MΩ）			交流耐压		
测量位置	耐压前（60″）	耐压后（60″）	试验电压（kV）	时间（s）	结果
铁芯—地	＼	＼			
高—低地					
低—高地					

<table>
<tr><td rowspan="7">绕组直流电阻</td><td colspan="2">高压位置</td><td>1</td><td>2</td><td>3</td><td>4</td><td>5</td><td>6</td><td>7</td><td>8</td><td>9</td></tr>
<tr><td rowspan="3">数值（Ω）</td><td>AB</td><td></td><td></td><td></td><td></td><td></td><td></td><td></td><td></td><td></td></tr>
<tr><td>BC</td><td></td><td></td><td></td><td></td><td></td><td></td><td></td><td></td><td></td></tr>
<tr><td>CA</td><td></td><td></td><td></td><td></td><td></td><td></td><td></td><td></td><td></td></tr>
<tr><td colspan="2">相差（%）</td><td></td><td></td><td></td><td></td><td></td><td></td><td></td><td></td><td></td></tr>
<tr><td colspan="3">低压位置</td><td colspan="2">ao</td><td colspan="2">bo</td><td colspan="2">co</td><td colspan="2">相差（%）</td></tr>
<tr><td colspan="3">数值（mΩ）</td><td colspan="2"></td><td colspan="2"></td><td colspan="2"></td><td colspan="2"></td></tr>
</table>

续表

测量位置	分接位置	变压比	AB/ab	BC/bc	CA/ca	最大误差（%）
变比	1					
	2					
	3					
	4					
	5					
	6					
	7					
	8					
	9					
仪表型号/编号						
备注						
结论						

审核：　　　　　　　　　　核对：　　　　　　　　　　试验人员：

注　由于油浸式变压器的铁芯在内部，绝缘测量时无法测量铁芯绝缘，因此无需测量铁芯一地的绝缘。另外交流耐压试验属于破坏性试验，是否具备试验条件须绝缘电阻测量数据支撑，因此配电变压器试验顺序一般为直流电阻测试、变比测试、绝缘电阻测试（耐压前）、交流耐压试验、绝缘电阻测试（耐压后）。

➘ 4.1 工作前准备

工作前准备内容见表 4－2。

表 4－2　　工作前准备内容

序号	准备项	准备次项	准备项内容	执行
1	作业前准备	试验仪器	直流电阻测试仪、变比测试仪、绝缘电阻表、试验变压器、操作箱，仪器（仪表）通电检查正常并确认在有效期内	确认（　）
2		资料	试验记录表、交接试验规程	确认（　）
3		绝缘工器具	验电器、绝缘靴、绝缘手套、绝缘垫、接地线、绝缘放电棒外观完好并在有效期内	确认（　）
4		材料	个人工具、温湿度计、便携式电源线架（有漏电保护装置）、安全警示牌、安全围栏、测量导线、裸导线、接地线、绝缘带、酒精纸若干	确认（　）
5		施工环境、设备确认	设备名称编号、铭牌明确；设备外观、接地良好；安全围栏设置合理、警示牌符合要求、现场及施工设备周围无杂物；现场环境空气相对湿度一般不高于 80%、温度不低于 5℃	确认（　）
6		验电放电	对被试品进行验电并充分放电，确保被试品无残留电荷危及人身安全	确认（　）

➘ 4.2 作 业 过 程

4.2.1 直流电阻测试

（1）作业标准。1600kVA 以上变压器，相间差不大于三相平均值的 2%，无中性点引出的线间差不大于三相平均值的 1%；1600kVA 及以下变压器，相间差不大于三相平均值的 4%，线间差不大于三相平均值的 2%。

（2）作业步骤及要求见表 4－3。

表 4－3　　　　作业步骤及要求

序号	步骤	项目	要　求	执行
1	仪器选择	直流电阻测试仪	高压侧宜采用电流 2A 挡、低压侧采用 5A 或 10A 挡位（大电阻小电流、小电阻大电流）	确认（　）
2	试验接线	接线	高压绕组接线方式如图所示： 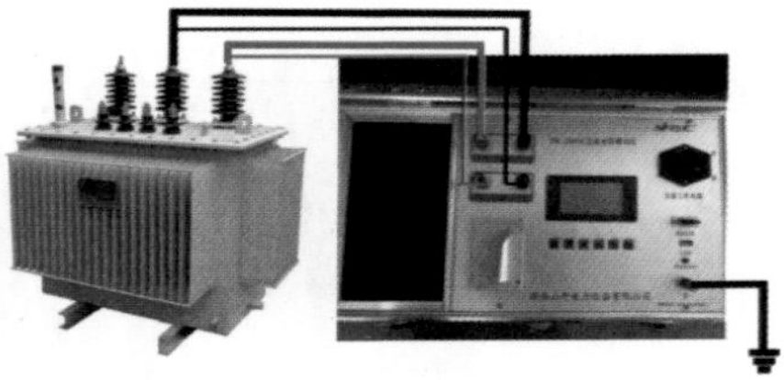 低压绕组接线方式如图所示：  注意：粗线接电流，细线接电压	确认（　）

续表

<table>
<tr><th>序号</th><th>步骤</th><th>项目</th><th>要　求</th><th>执行</th></tr>
<tr><td>3</td><td>测量</td><td>设置参数并测量</td><td>1. 测量高压侧时选择 2A 挡，低压侧选择 5A 或 10A 挡；
2. 读数稳定时读取数据；
3. 测量结束后关闭仪器</td><td>确认（　）</td></tr>
<tr><td>4</td><td>放电</td><td>对被测相进行充分放电</td><td>1. 站在绝缘垫上；
2. 戴绝缘手套；
3. 先经电阻放电，后直接放电</td><td>确认（　）</td></tr>
<tr><td>5</td><td>换相测量</td><td>分别测量高压、低压侧</td><td>按要求测每一挡位的高压侧 AB、BC、CA 以及运行挡的 A0、B0、C0</td><td>确认（　）</td></tr>
<tr><td>6</td><td>拆线</td><td>拆除并整理仪器</td><td>所有直流电阻值测量完成后，拆除试验人员自装引线，收拾仪器</td><td>确认（　）</td></tr>
<tr><td>7</td><td>填写试验数据</td><td>准确填写所测数据并初判</td><td>在对应的表格当中填写数据，并计算出相差。
<table>
<tr><td rowspan="6">绕组直流电阻</td><td colspan="2">高压位置</td><td>1</td><td>2</td><td>3</td><td>4</td><td>5</td><td>6</td><td>7</td><td>8</td><td>9</td></tr>
<tr><td rowspan="3">数值(Ω)</td><td>AB</td><td></td><td></td><td></td><td></td><td></td><td></td><td></td><td></td><td></td></tr>
<tr><td>BC</td><td></td><td></td><td></td><td></td><td></td><td></td><td></td><td></td><td></td></tr>
<tr><td>CA</td><td></td><td></td><td></td><td></td><td></td><td></td><td></td><td></td><td></td></tr>
<tr><td colspan="2">相差(%)</td><td></td><td></td><td></td><td></td><td></td><td></td><td></td><td></td><td></td></tr>
<tr><td colspan="3">低压位置</td><td colspan="2">a0</td><td colspan="2">b0</td><td colspan="2">c0</td><td colspan="2">相差(%)</td></tr>
<tr><td></td><td colspan="3">数值(mΩ)</td><td colspan="2"></td><td colspan="2"></td><td colspan="2"></td><td colspan="2"></td></tr>
</table>
注意：相差计算公式为相差=（最大值－最小值）/最小值×100%</td><td>确认（　）</td></tr>
</table>

4.2.2 变比测试

（1）作业标准。额定挡变比允许误差为＜±0.5%，其他挡位允许偏差为阻抗电压的 1/10，且允许误差为＜±1%。

（2）作业步骤及要求见表 4－4。

表 4－4　　作业步骤及要求

序号	步骤	项目	要　求	执行
1	仪器选择	变比测试仪	三相变比测试仪	确认（　）

续表

序号	步骤	项目	要　求	执行
2	试验接线	接线	变压器高压侧与仪器高压接线柱对应连接，低压侧与仪器低压接线柱对应连接	确认（　）
3	测量	设置参数并测量	1. 设置额定变比、接线方式、挡位数量； 2. 设置完成后开始测试； 3. 读数稳定时记录数据； 4. 测量结束后关闭仪器	确认（　）
4	放电	对被测相进行充分放电	1. 站在绝缘垫上； 2. 戴绝缘手套； 3. 先经电阻放电，后直接放电	确认（　）
5	换挡测量	分别测量所有挡位的变比	按要求测所有挡位的变比	确认（　）
6	拆线	拆除并整理仪器	所有直流电阻值测量完成后，拆除试验人员自装引线，收拾仪器	确认（　）
7	填写试验数据	准确填写所测数据并初判	在对应的表格当中填写数据	确认（　）

测量位置	分接位置	变压比	AB/ab	BC/bc	CA/ca	最大误差（%）
变比	1					
	2					
	3					
	4					
	5					
	6					
	7					
	8					
	9					

4.2.3　绝缘电阻测试

（1）作业标准如下：

1）采用试验电压为2500V的绝缘电阻表，测量时间为1min。

2）耐压前后，绝缘电阻应无明显变化。

3）高—低地绝缘电阻和低—高地绝缘电阻值不应低于产品出厂试验值的70%或不低于10000MΩ。

（2）作业步骤及要求见表4－5。

表4－5　作业步骤及要求

序号	步骤	项目	要求	执行
1	仪器选择	绝缘电阻测试	绝缘电阻表：输出电压≥2500V 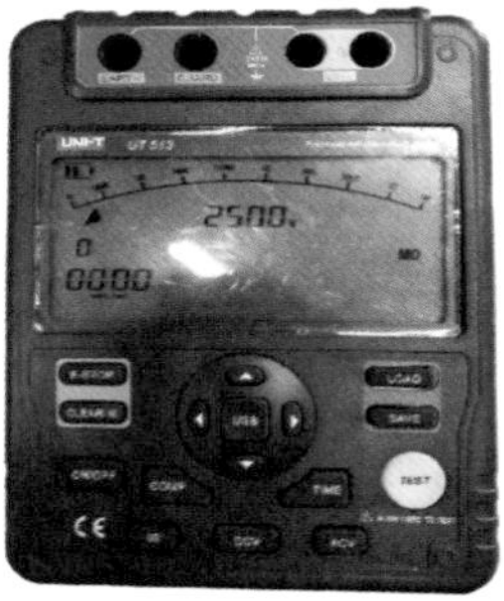	确认（ ）
2	试验接线	接线	高—低地接线方式： 	确认（ ）

续表

<table>
<tr><th>序号</th><th>步骤</th><th>项目</th><th>要　求</th><th>执行</th></tr>
<tr><td>2</td><td>试验接线</td><td>接线</td><td>低—高地接线方式：</td><td>确认（　）</td></tr>
<tr><td>3</td><td>测量</td><td>设置参数并测量</td><td>1. 测开关柜绝缘电阻选择 2500V 挡；
2. 读取 1min 时的数据；
3. 测量结束后关闭仪器</td><td>确认（　）</td></tr>
<tr><td>4</td><td>放电</td><td>对被测相进行充分放电</td><td>1. 站在绝缘垫上；
2. 戴绝缘手套；
3. 先经电阻放电，后直接放电</td><td>确认（　）</td></tr>
<tr><td>5</td><td>分别测量</td><td>分别测量高－低地、低－高地绝缘</td><td>按要求测高—低地、低—高地的绝缘</td><td>确认（　）</td></tr>
<tr><td>6</td><td>拆线</td><td>拆除并整理仪器</td><td>所有绝缘电阻值测量完成后，拆除试验人员自装引线，收拾仪器</td><td>确认（　）</td></tr>
<tr><td>7</td><td>填写试验数据</td><td>准确填写所测数据并初判</td><td>在对应的表格当中填写数据
<table>
<tr><th colspan="3">绝缘电阻(MΩ)</th><th colspan="3">交流耐压</th></tr>
<tr><th>测量位置</th><th>耐压前(60″)</th><th>耐压后(60″)</th><th>试验电压(kV)</th><th>时间(s)</th><th>结果</th></tr>
<tr><td>铁芯-地</td><td></td><td></td><td></td><td></td><td></td></tr>
<tr><td>高-低地</td><td></td><td></td><td></td><td></td><td></td></tr>
<tr><td>低-高地</td><td></td><td></td><td></td><td></td><td></td></tr>
</table></td><td>确认（　）</td></tr>
<tr><td>8</td><td>耐压后复测</td><td>耐压试验后测量绝缘电阻</td><td>1. 待耐压试验后重复 1～8 项；
2. 所测绝缘电阻应与耐压前测得绝缘电阻值无明显变化
<table>
<tr><th colspan="3">绝缘电阻(MΩ)</th><th colspan="3">交流耐压</th></tr>
<tr><th>测量位置</th><th>耐压前(60″)</th><th>耐压后(60″)</th><th>试验电压(kV)</th><th>时间(s)</th><th>结果</th></tr>
<tr><td>铁芯-地</td><td></td><td></td><td></td><td></td><td></td></tr>
<tr><td>高-低地</td><td></td><td></td><td></td><td></td><td></td></tr>
<tr><td>低-高地</td><td></td><td></td><td></td><td></td><td></td></tr>
</table></td><td>确认（　）</td></tr>
</table>

4.2.4 交流耐压试验

（1）作业标准如下：

1）高—低地交流耐压采用 28kV 试验电压，试验时间为 1min。

2）低—高地交流耐压采用 2.6kV 试验电压，试验时间为 1min，可用绝缘电阻表 2500V 挡位代替耐压试验。

（2）作业步骤及要求见表 4－6。

表 4－6　　　　作业步骤及要求

序号	步骤	项目	要　　求	执行
1	仪器选择	试验变压器	试验变压器、试验变压器操作箱	确认（　）
2	试验接线	接线	高—低地接线方式：  铁芯和低—高地耐压的耐压用 2500V 绝缘电阻表代替，相当于用 2500V 挡绝缘电阻表在进行绝缘测试的时候已经做过测试	确认（　）
3	测量	设置参数并测量	1. 变压器高压绕组交流耐压按 28kV 进行； 2. 交流耐压时间为 1min； 3. 试验结束后关闭仪器	确认（　）
4	放电	对被测相进行充分放电	1. 站在绝缘垫上； 2. 戴绝缘手套； 3. 先经电阻放电，后直接放电	确认（　）
5	分别测量	分别进行高－低地、低－高地的交流耐压试验	按要求进行高—低地、低—高地交流耐压试验	确认（　）

续表

<table>
<tr><th>序号</th><th>步骤</th><th>项目</th><th>要　求</th><th>执行</th></tr>
<tr><td>6</td><td>拆线</td><td>拆除并整理仪器</td><td>所有交流耐压试验完成后，拆除试验人员自装引线，收拾仪器</td><td>确认（　）</td></tr>
<tr><td>7</td><td>填写试验数据</td><td>准确填写所测数据并初判</td><td>在对应的表格当中填写数据
<table>
<tr><th colspan="3">绝缘电阻(MΩ)</th><th colspan="3">交流耐压</th></tr>
<tr><th>测量位置</th><th>耐压前(60″)</th><th>耐压后(60″)</th><th>试验电压(kV)</th><th>时间(s)</th><th>结果</th></tr>
<tr><td>铁芯-地</td><td></td><td></td><td></td><td></td><td></td></tr>
<tr><td>高-低地</td><td></td><td></td><td></td><td></td><td></td></tr>
<tr><td>低-高地</td><td></td><td></td><td></td><td></td><td></td></tr>
</table>
</td><td>确认（　）</td></tr>
</table>